CON GRIN SUS CONOCIMIENTOS VALEN MAS

- Publicamos su trabajo académico, tesis y tesina

- Su propio eBook y libro - en todos los comercios importantes del mundo

- Cada venta le sale rentable

Ahora suba en www.GRIN.com y publique gratis

Navegación en interiores basada en WLAN: ¿cuáles son las nuevas posibilidades técnicas? Parte 1

Valentina Barysava

Bibliographic information published by the German National Library:

The German National Library lists this publication in the National Bibliography; detailed bibliographic data are available on the Internet at http://dnb.dnb.de.

ISBN: 9783346830746
This book is also available as an ebook.

Facultad de Comercio y Trabajo Social, Licenciatura Comercio y Logística

Asunto eBusiness WS 2014/15

Valentina Barysava

Navegación en interiores basada en WLAN: ¿cuáles son las nuevas posibilidades técnicas?

Parte 1

en la Escuela Técnica Superior de Ostfalia

Escuela Técnica Superior de Braunschweig/Wolfenbüttel, carrera de Comercio y Logística

Enviado el 30.12.2014

Resumen

Al entrar en un edificio desconocido, los visitantes se enfrentan al problema de orientarse en él y llegar al destino deseado de la forma más rápida. Esto puede resolverse localizando y navegando con un dispositivo móvil.

En este artículo nos adentraremos en el tema de la navegación en interiores y presentaremos uno de los sistemas de localización y navegación más importantes. Esta tecnología utiliza el posicionamiento WLAN con huellas dactilares.

Navegación en interiores basada en WLAN

Autora: Valentina Barysava, Universidad de Ciencias Aplicadas de Ostfalia, licenciatura en Comercio y Logística 6° semestre

Índice

1 Introducción

1.1 Problema

Debido al rápido desarrollo de los dispositivos móviles, especialmente en lo que se refiere a sus prestaciones, las posibilidades de navegación con estos aparatos son cada vez mayores. Especialmente en el ámbito de la navegación en interiores, todavía hay mucho potencial. El problema es que la señal GPS no está disponible en el interior de los edificios y, por tanto, no es posible la navegación con las aplicaciones normales, ya que éstas ya no reciben señal de los satélites y, por tanto, no se puede determinar la posición del dispositivo móvil.[1] Este problema se resuelve con las variantes técnicas de la navegación en interiores, que se explican en este documento. Sin embargo, las posibilidades de navegación en interiores también tienen sus problemas. Por ejemplo, muchas tecnologías requieren un alto precio de compra, ya que primero hay que disponer del material cartográfico y éste suele tener que digitalizarse antes. En muchas zonas, hay que adaptar la tecnología para conseguir el rendimiento deseado. La precisión de la determinación de la ubicación también desempeña un papel importante. Es importante que la tecnología pueda garantizar una alta precisión a la hora de calcular la posición.[2]

El tema tiene especial relevancia para nosotros porque hay mucho potencial en estas tecnologías y permiten garantizar una navegación fluida en el interior de los edificios. Es precisamente la multitud de posibilidades lo que hace que el tema sea muy interesante y es importante averiguar cuál de estas posibilidades técnicas es realmente adecuada para su uso y se convierte así en interesante para el usuario.

El objetivo de este artículo es ofrecer al lector una visión general de la navegación en interiores basada en WLAN. También muestra que dicha navegación en el interior de edificios ya es posible y qué obstáculos siguen existiendo.[3]

1.2 Objetivo del trabajo

La prioridad del trabajo es investigar las distintas posibilidades de la navegación en interiores y cómo podría ser en el futuro. El objetivo es aclarar qué posibilidades técnicas existen en la navegación en interiores y cómo pueden mejorarse para garantizar una

---

[1] Véase Obermaier, J. (2011), p. 2.
[2] Véase Obermaier, J. (2011), p. 3.
[3] Cf. Gleim, D. (2012) p. 2

navegación aún más precisa en los edificios. Mostraremos lo que es posible con el estado actual de la técnica. Además, mostraremos el desarrollo de la navegación en interiores y compararemos el estado de la práctica y la investigación.

1.3   Delimitación del tema

Este documento trata exclusivamente de las posibilidades que se limitan a la navegación en interiores y son tan precisas en su determinación de la ubicación que permiten una navegación exacta. También se dejan de lado las posibilidades pasivas, como la navegación con chips RFID, ya que estas tecnologías tienen unos costes de adquisición demasiado elevados.

Nos centraremos en la navegación basada en WLAN o, para ser más precisos, en la tecnología de huellas dactilares, ya que tiene unos costes de adquisición bajos en comparación con las demás opciones. Además, la WLAN está muy extendida, sobre todo en centros comerciales y aeropuertos, por lo que garantiza una alta densidad de emisores de señales para determinar la ubicación con precisión.

2 Definición de términos importantes

- **La navegación en interiores** se utiliza para determinar la ubicación dentro de edificios donde no hay señal GPS. La determinación de la ubicación es el proceso de determinar la propia ubicación. Esta ubicación se utiliza para el resto del cálculo del proceso de navegación y es un componente importante, por lo que se actualiza a intervalos regulares para permitir una navegación más precisa.[4]

- El **procedimiento de fingerprinting** en la localización WLAN se utiliza para determinar la posición del usuario y su dispositivo móvil. En el proceso, las huellas dactilares de la intensidad de señal del enrutador WLAN recibido, en este caso los valores BSSI, se almacenan en una base de datos. Posteriormente se recuperan durante la navegación y se puede determinar la ubicación en función de las distintas intensidades de señal. Este procedimiento se denomina fingerprinting porque cada constelación de las distintas intensidades de señal existe una sola vez, como una huella dactilar.[5]

- **Los girosensores y acelerómetros** de un smartphone se utilizan para calcular la aceleración y la orientación del usuario del teléfono móvil. Los sensores giroscópicos miden la rotación del teléfono móvil con ayuda de la fuerza gravitatoria de la Tierra para percibir la aceleración, el movimiento de rotación y los cambios de posición. Los resultados se utilizan para cálculos posteriores en el proceso de navegación. [6]

Los **algoritmos** de este trabajo se utilizan para calcular la ruta más corta. Esto se basa en la naturaleza de los humanos, que siempre quieren tomar la ruta más corta y no les gusta aceptar desvíos. En la mayoría de los casos, la ruta se calcula según el algoritmo de Dijkstra, ya que éste siempre calcula la ruta óptima.[7]

---

[4] Véase Oschatz, A. (2011), p. 6.
[5] Cf. Oschatz, A. (2011), p. 13; Cf. Teker, U. (2005), p. 91.
[6] Cf. DATACOM Buchverlag (2014)
[7] Véase Schwanengel, A. (2010), p. 45.

3 Estado de la técnica

A continuación se describe en primer lugar la tecnología que se está implantando en la práctica hoy en día. Se aclara cómo funciona y qué permite. A continuación se explican brevemente sus ámbitos de aplicación. Se describirá cómo funciona la navegación en el interior de edificios con ayuda de tecnología basada en WLAN y asistida por sensores, y qué procesos tienen lugar durante esta navegación para conducir a la persona hasta su destino deseado.

3.1 Tecnología WLAN basada en sensores

En la práctica, para la navegación en interiores se utiliza tecnología basada en sensores y WLAN. Para realizar la navegación en interiores se necesita una infraestructura de sistema muy sencilla. En primer lugar, es esencial la red subyacente de puntos de acceso WLAN en el edificio en el que se quiere navegar. El identificador de cada estación transmisora se llama Basic Service Set Identifier (BSSID).[8] En segundo lugar, se necesita un dispositivo móvil. Puede ser un smartphone, como un iPhone. Todo dispositivo móvil tiene sensores que realizan una función de apoyo para lograr un mejor posicionamiento. Para la navegación también es necesario un mapa digital o un plano del edificio, que está a disposición del usuario en todo momento en el dispositivo móvil o en el servidor externo.[9] En tercer lugar, se necesita un servidor externo. Éste se encarga del cálculo de los datos medidos y contiene también la base de datos de referencia y la base de datos de huellas dactilares creada previamente. La base de datos de huellas dactilares contiene datos de referencia para el procedimiento de huellas dactilares, es decir, valores de intensidad de señal de las redes WLAN circundantes en función de la posición del dispositivo móvil. [10]

Para iniciar la navegación, el usuario debe descargar la aplicación correspondiente e instalar el programa. Al entrar en el edificio, se pregunta al usuario si desea iniciar la navegación. El usuario no sabe qué procesos están funcionando en segundo plano tras pulsar el botón de inicio; sólo ve la interfaz gráfica del dispositivo móvil. Durante este tiempo, los sensores miden su velocidad de movimiento, intentan determinar hacia dónde se dirige y determinan su dirección de orientación. Los datos del giroscopio y la brújula

---

[8] Véase Schelewsky, M.; Januschat, H.; Bock, B.; Stephan, K. (2014), p. 53; Dalhaus, M. (2006), p. 30.
[9] Cf. Gleim, D. (2012) p. 17 / Köppe, E. (2014), pp. 27-28
[10] Cf. Obermaier, J. (2011), p. 6; Meyer J. (2013), p. 83; Teker, U. (2005), p. 58.

permiten calcular correctamente la orientación, y el giroscopio y el acelerómetro determinan la aceleración relativa. Estos datos se almacenan en el dispositivo móvil.[11]

Al mismo tiempo, se lleva a cabo el procedimiento de huella digital. Se miden las intensidades de señal de las redes WLAN circundantes y, junto con sus identificadores, primero se formatean y luego se guardan en el dispositivo móvil.[12] A partir de estos datos de medición se crea una huella digital. La huella digital contiene la identificación de cada estación transmisora y su valor de intensidad de señal medido, que es negativo. Está entre -10 y -96, representando -10 la recepción más fuerte y -96 la más débil. La combinación de distintos BSSID y sus intensidades de señal suele ser única, como una huella dactilar, de ahí que el método se llame así. Si cambia la posición del dispositivo móvil, los valores de intensidad de señal de estas redes también cambian.[13] Una vez creada la huella dactilar, los datos de medición actuales se envían al servidor y se comparan con los de la base de datos de huellas dactilares. El servidor proporciona los valores de coincidencia en forma de ID de ubicación. Sin embargo, no puede vincular el ID de localización a una ubicación específica, ya que la vinculación final tiene lugar en el dispositivo móvil. Esto se hace por motivos de protección de datos, ya que de este modo no es posible ver en una ubicación central dónde se encuentra cada usuario en cada momento.[14] Tras comparar el supuesto de localización, determinado por los sensores, con el resultado del procedimiento de huella dactilar, se muestra la localización del usuario en el dispositivo móvil.[15]

Una vez determinada la posición, el usuario puede introducir su destino. La aplicación está constantemente conectada con el servidor al que transmite la solicitud y con el que realiza el cálculo de la ruta utilizando diversos algoritmos y sus combinaciones. Según el análisis de los patrones de movimiento de las personas, que ya se ha explicado en los fundamentos, éstas quieren llegar al destino lo antes posible y suelen elegir la ruta más corta. Por ello, en este artículo se describen los algoritmos más utilizados para calcular el camino más corto. Se trata del algoritmo de Dijkstra.[16] Calcula el camino más corto desde un punto inicial a todos los demás puntos de un grafo conexo y ponderado. El algoritmo de Floyd también calcula el camino más corto, pero -comparado con el de Dijkstra- desde todos los puntos a todos los demás puntos. Por tanto, si cambias la posición, el camino

---

[11] Véase Werner, M. (2012), p. 19.
[12] Cf. Oschatz, A. (2011), p. 13; Cf. Teker, U. (2005), p. 91.
[13] Cf. Schelewsky, M.; Januschat, H.; Bock, B.; Stephan, K. (2014), p. 54; LMU Múnich.
[14] Véase Gleim, D. (2012), p. 53.
[15] Véase Bock, B.; Löwel, Th.; Rosch, J.; Ritzer, J.; Lienkamp, M.; Twele, H.; Stürzekarn, D. (2014), p. 54.
[16] Véase Schwanengel, A. (2010), p. 45.

más corto se recalcula automáticamente.[17] El algoritmo A* no siempre muestra la ruta óptima, pero es más rápido en el cálculo porque se aplica una heurística para reducir los cálculos reales.[18] Tras el cálculo, la ruta se muestra al usuario en la pantalla. El usuario es guiado hasta el lugar deseado.

La fusión de sensores para la navegación en interiores ofrece diversas combinaciones de las distintas tecnologías. Estas combinaciones permiten obtener las siguientes ventajas:[19]

1. Posicionamiento más preciso.

   La experiencia ha demostrado que la navegación en interiores utilizando sólo los datos de los sensores o la tecnología WLAN es errónea. Sin embargo, si se utiliza una combinación de ambos métodos, se consigue un resultado mucho más preciso.[20]

2. Los proveedores externos pueden utilizar el rastreo en interiores.

   Por ejemplo, los minoristas tienen la oportunidad de enviar publicidad o información sobre sus propios productos y empresas a los clientes que se encuentran en las inmediaciones. [21]

3. Navegación en interiores con menores costes.

   La infraestructura del sistema, que sólo consta de un servidor externo, un dispositivo móvil y un plano del edificio, es más rentable en comparación con las demás tecnologías. [22]

4. Mejores resultados incluso con pocos datos de referencia.

   Para llevar a cabo el procedimiento de fingerprinting, es necesario disponer de muchos datos de referencia, ya que la posición del dispositivo móvil del usuario cambia con cada paso que da y, en consecuencia, también cambian las intensidades de señal de las redes WLAN circundantes. La falta de datos de referencia puede dar lugar a suposiciones erróneas sobre la posición.[23] Aquí es donde ayudan los datos adicionales del sensor del smartphone.

5. Menor consumo de batería y capacidad de almacenamiento, menor tiempo de computación.

---

[17] Véase Kalbacher, M. (1996), p. 57.
[18] Véase Plümer, L.; Schmittwilken, J.; Kolbe, Th. H. (2004), p. 8.
[19] Véase Gleim, D. (2012), p. 30.
[20] Véase Gleim, D. (2012), p. 30.
[21] Véase Schelewsky, M.; Januschat, H.; Bock, B.; Stephan, K. (2014), p. 59.
[22] Véase Oschatz, A. (2011), p. 14.
[23] Véase Gleim, D. (2012), p. 20-76.

Muchos cálculos y mediciones suponen una gran carga para la batería del smartphone, por lo que se necesita más energía del dispositivo móvil. Para reducir la carga del dispositivo móvil y el tiempo de computación, todos los cálculos complicados se realizan en el servidor externo, que requiere una red Wi-Fi rápida.[24]

La navegación en interiores basada en la tecnología WLAN tiene la ventaja de que hoy en día permite a cualquier dispositivo móvil realizar la navegación y determinar así la posición exacta. La combinación de la tecnología WLAN con los distintos sensores del dispositivo móvil permite determinar la posición de forma aún más precisa, pero también es muy respetuosa con la batería y se puede navegar durante más tiempo.

3.2 Campos de aplicación

La solución de navegación en interiores que se muestra arriba se utiliza hoy en día en diversos ámbitos. Ya en julio de 2013, Kaiser's fue el primer minorista alemán en ofrecer navegación en interiores a los clientes de su supermercado de Berlín. Los compradores tienen la opción de dejar que su iPhone les guíe hasta el producto deseado o de recorrer toda una lista de la compra siguiendo una ruta optimizada. Sin embargo, no siempre se muestra la ruta óptima porque los intereses del minorista no siempre coinciden con los del cliente. Si, por ejemplo, el minorista no quiere que su ruta pase por la mercancía promocional o, por el contrario, desea que se le guíe por determinados caminos del centro comercial, puede comentarlo con el proveedor, que programará los algoritmos en consecuencia.[25]

La navegación en interiores es de gran importancia en aquellos edificios donde la orientación es demasiado complicada para las personas. Es el caso, por ejemplo, de los aeropuertos. Los edificios son demasiado confusos, por lo que los pasajeros temen no encontrar la puerta de embarque correcta o perderse la salida por falta de tiempo, lo que restringe sus movimientos en el edificio. Con la ayuda de la navegación interior, aumenta la satisfacción del cliente y se garantiza el embarque a tiempo. Otros aspectos son el aumento de las ventas y el refuerzo de la fidelidad de los clientes. La navegación interior se utiliza para marketing/cupones. La navegación interior permite el acceso de terceros proveedores que pueden anunciar las ofertas más atractivas en función de la ubicación mediante mensajes push o superposiciones en la navegación, ya que los aeropuertos generan hasta el 50% de sus ventas a través de tiendas y restaurantes. Además, los

---

[24] Cf. Huber, Th.; Kreuzer, J.; Diemer, R. (2007), p. 73; Fuchs, Th. (2009), p.134
[25] Cf. Lebensmittelzeitung.net (2013); Tarin, W. (2013), p. 95.

datos también se utilizan para análisis. Incluso los datos anónimos, como dónde se encuentran los pasajeros y dónde se concentran las mayores aglomeraciones, pueden aportar información valiosa. Esta información se utiliza para optimizar los procesos operativos, determinar la ubicación óptima de nuevas tiendas y optimizar los pasillos y las vías de evacuación.[26]

En los museos, un sistema de guía móvil reconoce la posición de los visitantes y les muestra las exposiciones de los alrededores. Los visitantes seleccionan las exposiciones que les interesan y reciben más información en forma de vídeos, fotos y animaciones.[27]

Visitar la feria también resulta sencillo y eficaz gracias a las soluciones de navegación en edificios. A través de la aplicación, el visitante obtiene la lista completa de expositores de la feria, así como información detallada sobre las empresas y sus productos. La aplicación puede personalizarse, es decir, el visitante puede elegir las empresas que realmente le interesan y es guiado hasta ellas por el camino más corto. Las empresas también tienen sus ventajas. Tienen una visión de conjunto de sus clientes potenciales y pueden dirigirse a ellos de forma específica, presentando así sus datos de contacto y la información sobre sus productos con mayor eficacia.[28]

---

[26] Cf. Schelewsky, M.; Januschat, H.; Bock, B.; Stephan, K. (2014), p. 54;
   Rhein-Neckar Zeitung (2014); documental de Insoft TV
[27] Véase Fraunhofer IIS. awiloc (2012)
[28] Véase Fraunhofer IIS (2011); Insoft (2014).

4 Conclusión

El objetivo de este trabajo era explicar y demostrar las distintas posibilidades de la navegación en interiores. Al hacerlo, llegamos a las siguientes conclusiones: El problema de la inexistencia de la señal GPS se ha eliminado bien gracias a las nuevas tecnologías y ofrece así una navegación muy buena en el interior de los edificios. La navegación basada en WLAN es ahora muy precisa a la hora de determinar la ubicación, por lo que ofrece una navegación óptima. Sin embargo, esto también se debe al hecho de que los dispositivos móviles son cada vez mejores y, por tanto, aportan gran parte de la potencia informática. Pero también contribuyen a ello los sensores adicionales incorporados, que permiten determinar la velocidad de movimiento y también la dirección del movimiento uno mismo para permitir una navegación aún mejor.

Esta tecnología también demuestra que su adquisición no siempre tiene por qué ser cara. Por ejemplo, la tecnología basada en WLAN tiene la ventaja de un precio de compra relativamente bajo debido a que hoy en día hay suficientes puntos de acceso WLAN en la mayoría de los edificios y, por tanto, se da una buena cobertura de los emisores de señal.

El futuro de la navegación en interiores pasa por la combinación de varios componentes y diferentes tecnologías para determinar una navegación precisa. El objetivo principal es mejorar y simplificar la tecnología existente para garantizar una navegación más fácil y, sobre todo, óptima para el cliente, pero también reducir aún más el consumo de energía para que la batería de los dispositivos móviles no se gaste tan rápido y se pueda navegar durante más tiempo.

5 Literatura

Bock, B.; Löwel, Th.; Rosch, J. (2014): Bestimmung von Wegen und Verkehrsmitteln mittels Ortungstechnologien - Stand der Technik und Herausforderungen, en: Schelewsky, M.; Jonuschat, H.; Bock, B.; Stephan, K.; Smartphones unterstützen die Mobilitätsforschung, Springer, Wiesbaden.

Dalhaus, M. (2006): WLAN Ortung innerhalb von Gebäuden mittels Signalstärkelinien, Dortmund.

Fuchs, Th. (2009): Mobile Computing: Grundlagen und Konzepte für mobile Anwendungen, Carl Hanser Verlag München.

Gleim, D. (2012): Sensor-supported WLAN position determination by machine learning methods for efficient indoor navigation, Hamburgo.

Huber, Th. ; Kreuzer, J.; Diemer, R. (2007): Mobiles Monitoring: Energiebedarf von Sensoren und Smartphone für die Verarbeitung und Übertragung relevanten Daten auf einen Server, en: Mobiles Computing in der Medizin, Augsburg.

Huitl, R. et al. (2012): An extensive image and point cloud dataset for visual indoor localization and mapping.

Kalbacher, M. (1996): Navegación basada en ultrasonidos y planificación de trayectorias en un entorno conocido, Stuttgart.

Köppe, E. (2014): Localización de objetos en movimiento dentro y fuera de edificios, Berlín.

Langer, C. (2012): Barometer im Handy, Fürth.

Meyer J. (2013): Ortungsverbesserung durch hybride Verfahren, Hamburgo, 2013.

Obermaier, J. (2011): Indoor Navigation, en: Informe del seminario: Tendencias en sistemas móviles y distribuidos, Múnich.

Oschatz, A. (2011): Indoor-Positioning mittels Smartphone, en: Seminar Report: Trends in Mobile and Distributed Systems, Múnich.

Plümer, L.; Schmittwilken, J.;. Kolbe, Th. H. (2004): Mobile GIS for pedestrian orientation in urban environments, en: Tagungsband zum Symposium Praktische Kartographie, kartographische Schriften, Band 9, Kirschbaum Verlag, Bonn.

Rohs, C. (2011): Die erweiterte Realität: Einsatzgebiete und Potential von Augmented Reality, Hamburgo.

Schwanengel, A. (2010): Distributed Components for Context-Dependent Indoor
Navigation, Múnich.

Spreer, P. et al. (2012): Augmented Reality - Digital erweiterte Realität im stationären
Handel, St.

Tarin, W. (2013): Unterstützungsmöglichkeiten des stationären Vertriebs durch mobile
Dienste im Kontext des Mobile Commerce, Coblenza.

Teker, U. (2005): Realización y evaluación de un sistema de localización en interiores
mediante WLAN, Bremen.

Werner, M. (2012): Ubiquitous Navigation: Scalable Location-Based Services in Buildings,
Múnich.

<u>Directorio de direcciones web</u>

ENVIS PRECISELY GmbH I.L. (2013): Una app para el mayor museo tecnológico del mundo.
http://www.envis-precisely.com/blog/eine-app-fur-das-groste-technik-museum-der-welt/ (20.09.2012)

Fraunhofer IIS (2011): Localización en redes de comunicación.
http://www.iis.fraunhofer.de/content/dam/iis/ (17.11.2014)

Fraunhofer IIS (2012): Localización 3D en museos.
 http://www.iis.fraunhofer.de/content/ (20.11.2014)

Infsoft GmbH (2014): Soluciones para interiores - en uso en todo el mundo.
http://www.infsoft.at/Branchen/Airports/Success-Story (20.11.2014)

New Media Publishing & Consulting Ltd (2012): Where GPS Can't Go - Navigation in Buildings.
http://www.mobilegeeks.de/wo-gps-nicht-hinkommt-navigation-gebauden/ (20.09.2012)

Rode J. (2013): Instore-Navi acerca los clientes a la mercancía.
http://www.lebensmittelzeitung.net/archiv (14.10.2014)

Universidad Técnica de Múnich (2012): Mejor orientación en espacios interiores.
http://www.tum.de/die-tum/aktuelles/pressemitteilungen/lang/article/30040/ (17.09.2012)

Ungruhe J. (2014): Da geht's zum Gate - Navigieren in Gebäuden, en: Rhein-Neckar-Zeitung digital.
http://www.rnz.de/service/00_20141001134400 (20.10.2014)